星座与观星

撰文/徐毅宏　　　审订/陈文屏

中国盲文出版社

怎样使用《新视野学习百科》?

1 开始正式进入本书之前，请先戴上神奇的思考帽，从书名想一想，这本书可能会说些什么呢?

2 神奇的思考帽一共有6顶，每次戴上一顶，并根据帽子下的指示来动动脑。

3 接下来，进入目录，浏览一下，看看这本书的结构是什么，可以帮助你建立整体的概念。

4 现在，开始正式进行这本书的探索啰！本书共14个单元，循序渐进，系统地说明本书主要知识。

5 英语关键词：选取在日常生活中实用的相关英语单词，让你随时可以秀一下，也可以帮助上网找资料。

6 新视野学习单：各式各样的题目设计，帮助加深学习效果。

7 我想知道……：这本书也可以倒过来读呢！你可以从最后这个单元的各种问题，来学习本书的各种知识，让阅读和学习更有变化！

神奇的思考帽

客观地想一想

用直觉想一想

想一想优点

想一想缺点

想得越有创意越好

综合起来想一想

? 你知道的星座有哪些？

? 你喜欢在哪个季节观星？

? 观星可以运用在哪些事情上？

? 为什么现在很难看到星星？

? 如果有机会，你会怎样为星星命名？

? 生活中哪些事物和星星、星座有关？

目录

■神奇的思考帽

CONTENTS

认识星空

"一闪一闪亮晶晶，满天都是小星星……"在晴朗的夜空里，我们看到的都是一颗一颗的星星吗？实际上，除了星星，还有其他天体和一些"假星星"。

夜空里常见的天体

我们看到的点点星光，绝大多数都是本身能进行核聚变反应、自行发光的恒星。恒星有着不同的颜色，因而常看见的星光有红色、橘色、黄色与蓝白色。另外，还有行星偶尔会出现在夜空，出现时都在黄道十二星座的附近。行星比大部分恒星都亮，其中金星的亮

拖着长尾巴的彗星因为外形奇特、出现频率低，古代无论东方还是西方的人们，一致认定它的出现将带来大灾难。（摄影/洪景川）

度仅次于太阳与月亮。

除了这些类似点状的天体，我们还可以发现有些朦胧的块状天体：有些是恒星聚集所组成的星团；有些是不同颜色云气弥漫的星云；有些是与

看起来大同小异的星星，其实各自代表了大小、规模不一的行星、恒星、星团、星云及星系。（插画/吴仪宽）

星系

星团

行星

星云

恒星

恒星是能够进行核聚变反应，自行产生光和热的天体，同时也是星空中最重要的组成分子。

银河系同样巨大的其他星系。夜空中，还有不定期出现，被称为扫把星的彗星，以及烟火般的流星。

被误认的假星星

夜空里有一些物体也会发光，因而常常和天体混淆，其中最容易被误认为天体的，就是飞机和人造卫星。

在空中飞行的飞机，

左图：木星是太阳系最大的行星，因为距离地球近，只需依靠反射太阳的光，亮度就远超过夜晚看见的大多数恒星。

下图：星系是由数千亿颗的恒星集合而成，但因离地球太过遥远，肉眼看来与一般星星并无差别。

星星的颜色

物体都会放出不同波长的电磁波。随着温度升高，电磁波的主要波长会渐渐由长变短，表现出来就是颜色由偏红色转变为偏蓝色。在夜空里，看到的蓝、白色星光，大多是大质量恒星进行激烈的核聚变反应，产生高温所发出的；而红、橘色的星光则是由温度较低的恒星所发出。

通电时间长短，会让灯泡钨丝温度不同，因此发出不同颜色的光线。图片由左至右，通电时间增长。（插画/吴昭季）

机腹下方闪烁的警示灯在夜空里看起来就像星星。尤其是国际航线的飞机飞行高度较高，从地面上看去，移动的速度比较缓慢，警示灯不易辨认出来，而让人以为出现了一颗特别的红色亮星。因此，飞机常被戏称为爱尔普蓝星（airplane的音译）。

人造卫星常因反射太阳光，而产生线状或点状的闪光，让人误以为流星划过夜空，其中最有名的是铱闪。铱星上有3片由铝金属制成的大面积天线，平时的闪光并不明显，但当它与太阳呈特殊角度时，便会反射阳光形成可以跟月亮媲美（负8等）的闪光。分辨人造卫星与流星主要是靠出现时间的长短，铱闪出现的时间约在5—20秒，而流星则为1—2秒。

天人合一的中国星空

（图片提供／台湾自然科学博物馆）

在晴朗的夜空里有着成千上万的星星，为了方便认识星空、观测天象和标示太阳与月亮的运行，古代的中国人把夜空的星星划分成群，一群星星便叫作一个"星官"。

星官与星宿

中国人认为万物道理常存于大自然之中，因此把人间的各种形象和观念也投影到夜空上，例如最常被提到的三垣、二十八宿。

三垣是将北极星附近的星空，分为3个由城墙（垣）围绕的区域：紫微垣、太微垣与天市垣。紫微垣是天帝居住的地方，太微垣是政府官员办公及王公贵人居住的地方，天市垣则是天上的市集和平民百姓居住的地方。三垣分别由许多星官所组成。

二十八宿是将太阳运行（黄道）和月亮运行（白道）轨道的附近星空，分为四象，表示四个方位，并

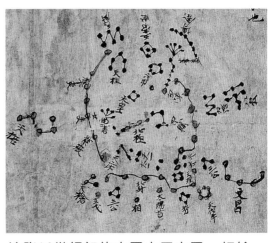

这张13世纪初的中国古天文图，标绘出北极星及周围的三垣星官，不少星官名源自古代中国政府的官职。（图片提供／达志影像）

二十八宿的名称多与"四象"有关，如：角宿代表苍龙的头角，翼宿象征朱雀的双翼。（插画／吴仪宽）

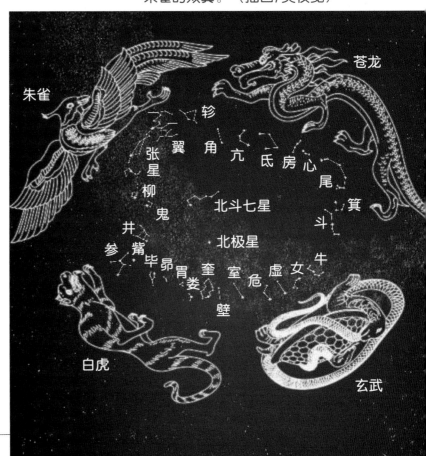

星星的亮度

希腊天文学家Hipparchus（希巴克斯）为了形容星星的亮度，于公元前2世纪创立了星等的概念。他将天上最亮的20颗星星定为1等星，把眼睛看得到最暗的星星定为6等星，中间按照亮度依序划分。1856年英国天文学家Pogson（波格森）提出星等的精确定义，以织女星作为标准，定为0等星，它比1等星亮2.512倍；相差5个星等时，亮度就相差100倍。如果一颗星星比织女星还亮，星等就用负数来表示。

大犬座的天狼星，是四季星空最耀眼的恒星，星等为－1.4等。（摄影/洪景川）

天狼星·

13世纪末由中国人郭守敬发明的简仪，是当时全球最先进的观星仪器。（图片提供/台湾自然科学博物馆）

由四种神兽来代表：东方苍龙、西方白虎、南方朱雀与北方玄武。每一象由7个星官组成，共有28个星官，它们是月亮运行时留宿的宫殿，因此称为"二十八宿"。四象和二十八宿是中国天文很重要的方位指标，可用来记录各种天象出没的位置。

星星的命名

专门掌管文运的魁星，是从中国古代的北斗七星演变而来的。（摄影/黄丁盛）

中国早在3,000多年前的甲骨文里，就已经记载了鸟、大火等星名；而现在所使用的中国星官和星星名称，主要是明朝确定下来的。中国星星的命名也是来自人间万象，有的用身份，如北极星的古名为勾陈一，勾陈原意为皇帝后妃；有的用州国的名称，如楚星、燕星；有的用日常器具与建筑，如杵臼星。有些星星则根据星官的名称来编号，如天津四，就是星官"天津"中的第四颗星，天津是指天河的渡口。

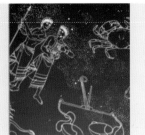

神话传说的西洋星空

（插画/吴仪宽）

大约在三四千年前，生活在两河流域的巴比伦人，已经对星空观察得非常详细，他们将天上杂乱无章的星星，分成特定的区域，再运用想象力给予图案与故事，这就称为星座。

星座的由来

星座的概念，从巴比伦人开始，流传至埃及、迦太基、希腊等地，内容

托勒密是西方重要的天文学家，他的"地心说"（地球为宇宙中心）主导欧洲天文学发展达1,500年。（图片提供/达志影像）

也渐渐由各地的动物和器具，分别融入各地的神话与传说。公元250年，希腊著名的天文学家托勒密，在他的著作《天文学大成》中，规划整理出48个星座，一直沿用至今，但这些星座大多位于北半球可见的天区。到了十六七世纪航海时代，许多探险者

为星座命名时，希腊人多以动物、器具及神话人物为主，并为每个星座编织动人的神话故事。（插画/吴仪宽）

猎户座以右大臂上橘色的恒星最为明亮，因此它的学名为猎户座α星，中国星名为参宿四，阿拉伯名则为Betelgeuse。一般而言，亮星通常会有这3种称呼方式。（摄影/洪景川）

亮度的变化

恒星的亮度并非恒久不变，随着生、老、病（恒星步入末期，会有膨胀收缩的不稳定阶段）、死不同的阶段，亮度都会改变。1987年2月，在大麦哲伦星系（北半球不可见）中，有颗恒星亮度突然急剧增亮，持续了好几个月，然后消逝。这个天体被命名为SN1987A（SN为超新星的英语简称，1987表示发现年份，A为该年度发现第一颗），这是恒星走入死亡前，拼尽全力所发出的最后一道光芒，最大亮度达到太阳亮度的2.5亿倍。

在双子座中，就亮度而言，左上方橘红色的北河三，应该是α星，蓝白色的北河二较暗，应称为β星。但是北河二才是双子座α星，这是因为恒星的亮度会改变，而当初命名时，北河二比北河三更亮。（图片提供/达志影像）

航向新大陆，替南半球的天区划分出许多星座。20世纪30年代，国际天文学联合会对星座的边界厘出明确清楚的规范，把整个天球分为黄道以北29个星座、黄道上有12个星座、黄道以南有47个星座，总计有88个星座。

恒星的命名

有些亮星自古就受人注意，很早就有特定名称（大部分为阿拉伯语，有些为希腊语或拉丁语），但大多数的暗星并没有命名。20世纪30年代，国际天文学联合会定出恒星命名的原则，在星座内依据各颗恒星的亮度，按希腊字母顺序命名。例如牛郎星是天鹰座内最亮的星，命名为天鹰座α星（α Aquilae）。如果星座内的星数过多，超过24个希腊字母，一般便自西向东以数字按序编排，例如太阳系之外第一个被发现有行星的恒星——飞马座51号星。

在北半球低纬度地区，可以看见不少南天星座，如图右侧边缘亮星即南天的船底座老人星。（摄影/洪景川）

天狼星

老人星

天体的运动

如果我们用整个晚上看星星，会发现星星就像太阳般东升西落；如果我们花上1年来看星星，也将发现每个季节，星星都会大搬家。这究竟是怎么一回事？事实上，这跟地球的两种运动有关系。

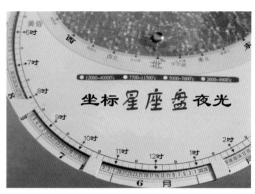

周年运动可以从星盘上看出：以6月1日的星空为准，到7月1日时，相同星空的出现时间便提早2小时。（摄影/简瑞龙）

周日运动

由北极上方往下看，地球以逆时针方向自转。所以从地球上看去，距离地

球遥远、看起来固定不动的恒星，由于地球自转，会做东升西落的周日运动（就像太阳一样）。

地球自转一周约24小时，转动的角度为360°，换算起来每个小时在天空上约前进15°。换句话说，傍晚6点看到巨蟹座出现在东方，午夜12点就会运行到头顶，在天空中位置最高的地方。因为恒星周日运动的关系，利用相机对着某个方

在周日运动的影响下，北半球的星星以圆形轨道在天空运转，因此在照片上留下同心圆状的星流迹。

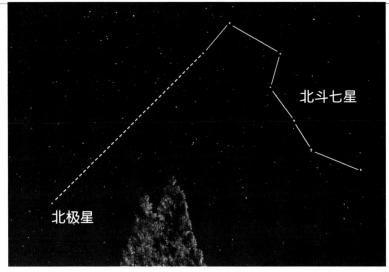

大熊座内的北斗七星，是春季星空的主角。此外，斗口两星的延伸线，还可用来寻找北极星。（摄影/洪景川）

向长时间曝光，就可以拍到恒星有着长长轨迹的照片，称为星流迹。

生日星座的由来

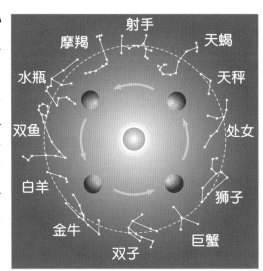

由于生日星座隔着太阳与地球相对，在阳光遮掩星光的情形下，生日当天是看不到生日星座的。（插画/吴仪宽）

随着地球公转，太阳在天空中的相对位置也会跟着改变，在一年内会在天空中绕行一圈，绕行的轨迹就称为黄道。黄道会经过全天88个星座里的12个星座，这些星座就称为黄道星座。在生日那一天，太阳如果位于黄道星座的巨蟹座方向，生日星座就是巨蟹座，其余的生日星座依此类推。在占星学里还有行星星座，推算的原理也相同。

周年运动

地球除了自转之外，还绕着太阳公转，转1圈要花上1年的时间（约365.25天）。从太阳的位置看，地球在轨道上，每天约前进1度，造成恒星比前一晚提前4分钟升起；每过1个月，恒星就提前2小时升起；等到1年之后，在同一日期与时刻便又看到相同的星空，这种现象称为周年运动。反之，在不同季节，即使是同一时刻，在星空上看到的也不是相同星座，所以才会有四季星座的说法。

冬季夜空的亮星众多，猎户、大犬、双子、御夫及金牛座等亮星形成著名的冬季大椭圆。（摄影/洪景川）

春季的星空

（摄影/洪景川）

随着北斗七星的斗柄渐渐指向东边，春季的星座也一一升上夜空。春季的星座里有着许许多多的动物，就像一个热闹的动物园。

北斗七星

北斗七星是由7颗星排列成水瓢状，但它并非是一个星座，而是属于大熊座的成员。仔细看看，可以发现其中的开阳

天璇
天枢　　天玑
天权
玉衡
开阳

希腊神话故事里的大熊座，到了北美印第安人的眼中，变成了一只长尾鼯鼠。（摄影/洪景川）

在天球北极附近的小熊座，台湾几乎全年可见。小熊座尾巴末端的亮星，就是北极星。（摄影/洪景川）

星其实是由2颗星星组成，较暗的星星称为"辅星"，可以测试一下视力的好坏。在水瓢开口的对面，则是由较为黯淡的7颗星星组成的小北斗——小熊座。

黄道星座和春季大三角

春天的黄道星座有狮子座，位于北

以肉眼观测巨蟹座的鬼宿星团，有如一团模糊云气，被中国人认为是死尸散发的气体。图左下的亮星为土星。（摄影/洪景川）

鬼宿星团

放大后的土星

流星雨的名字

每年有3次相当固定且流星数量较多的流星雨，分别是1月的象限仪座流星雨、8月的英仙座流星雨与11月的狮子座流星雨。当流星雨发生时，众多的流星划过夜空各处，无法归到某个特定的星座，因此若命名为某星座流星雨似乎不太合理。实际上，流星雨的名字是由"辐射点"所在的星座或附近亮星而命名，并非轨迹范围所在的星座。

将多颗流星的飞行轨迹向两端延伸，会发现延伸线同时汇聚在一点，这就是流星雨的"辐射点"。（摄影/洪景川）

斗七星的南方；巨蟹座和处女座则分别在狮子的头和尾方向。

　　狮子座尾巴的星星称为五帝座一，它和处女座最亮的星——角宿一，以及牧夫座最亮的星——大角星，合称"春季大三角"。大角星位于北斗七星斗柄往角宿一延伸的曲线上，是北半球最亮的星星之一，散发着红色光芒。找出这个等边大三角后，其他星座就呼之欲出了。

五帝座一、角宿一及大角星形成的三角形，称为春季大三角，恰好涵括了处女座的大半范围。（摄影/洪景川）

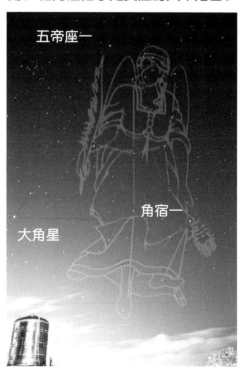

五帝座一

角宿一

大角星

在长时间曝光的星流迹照片中，北极星位居圆心，几乎不会转动。（摄影/洪景川）

夏季的星空

当天气渐渐变热，北斗七星的斗柄转向了南方，夜空里开始上演一出凄美的中国爱情故事；除了爱情故事，希腊神话的英雄也创造了一篇篇冒险的传说。银河从北向南蜿蜒，为这些故事与传说提供了舞台。

北天的传说与夏季大三角

在夏季晚上八九点，往头顶偏北的夜空寻找，在银河的两侧将可以找到牛郎星和织女星，而喜鹊就是北边银河中的天津四。这3颗星星排列成直角三角形，称为"夏季大三角"，是夏夜星空最闪亮的指标。

心宿二是一颗红巨星，因为发散出火红星光而被称为"大火"，体积是太阳的2亿多倍。（摄影/洪景川）
观赏夏季星座，可先寻找主要亮星，如牛郎星（天鹰）、织女星（天琴）、心宿二（天蝎），再辨识完整星座。（摄影/洪景川）

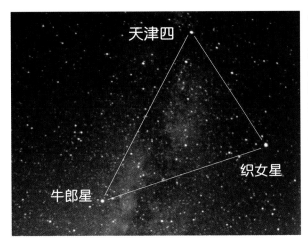

仔细观测，可以看见牛郎星左右各有一颗星，是神话故事里牛郎和织女的两个孩子。（摄影/洪景川）

从织女星往西边一点，可以看到武仙座，是希腊神话中代表神力英雄的赫拉克勒斯。他的头部朝南，呈现H形的姿势正要攻击九头巨蛇——长蛇座。神医蛇夫座则用手抓着拥有起死回生能力的巨蛇座，两者成为夜空中最大的组合星座。

南天的黄道星座

在夏夜的南方天空，从蛇夫座往南延伸，首先可以看见S形的天蝎座。天蝎座是黄道星座，心脏部位的血红亮星称为心宿二，常和火星争光，又称大火星；中国天象所说的"荧惑（火星）守心"，指的是火星正好运行在心宿二（天蝎座α星）附近，被视为不祥。从天蝎往银河对岸望去，还可以找到2个黄道星座，依次是射手和摩羯。射手座位于银河中心的方向，是银河中最明亮的区域，星座中有6颗星也形成水瓢状，称为南斗六星。

造假的天文记录

古代中国人相信，观测星象可以预知国家兴衰。公元前7年，观测天象的官员向汉成帝报告：夜空出现"荧惑守心"的星象！由于"荧惑守心"象征君王将受天谴而死，汉成帝竟命令宰相自杀，当作自己的替死鬼；但1个月后，汉成帝还是暴毙身亡。

可是，现代天文学家在推算火星运转的规律后得知，当年是不会发生"荧惑守心"的。这份造假的天文记录，其实是当时权力斗争下的一个产物。

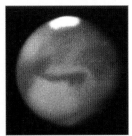

在夜空散发着明亮红色光芒的火星，被中国人认定是战争和灾祸的象征。

船底座η星星云。船底座是南天的星座，图为著名的η星星云。

秋季的星空

夏季过后，不仅银河渐渐淡出，夜空里的星星也好像一下都变暗了，这正是秋季星空的特色。虽然秋季的星空远比其他3个季节黯淡，但却有一整个神仙家族，正表演着王子救公主的童话剧情。

秋季四边形涵盖的天空范围广泛，但因为缺乏亮星指引，因此不易辨识。（摄影/洪景川）

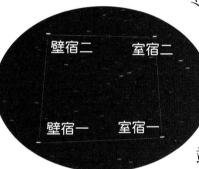

壁宿二　室宿二

壁宿一　室宿一

神仙家族成员大多具有容易辨识的造型：仙王座的五角形、仙后座的"W"字形及仙女座的"大"字形。（插画/吴仪宽）

神仙家族和秋季四边形

中国的古书曾记载以北斗七星斗柄的指向来分辨季节："斗柄东指，天下皆春；斗柄南指，天下皆夏；斗柄西指，天下皆秋；斗柄北指，天下皆冬。"实际上，台湾的纬度较低，在秋冬季节，北斗七星多半隐没在地平线下，无法被看到。

因此，秋季观赏星空，要先在北边寻找偏斜W形的仙后座，作为指标。仙后的W形后冠，顶端正对着仙王座的五角高帽，她对仙王夸耀女儿的美丽，但却触怒了海神。海神派出海兽鲸鱼，把美丽的仙

仙王座

仙女座

仙后座

英仙座

左图：仙女座大星系是秋季星空的重要天体，通过高倍率天文望远镜观测，可以看到它的真实面貌。

右图：将仙后座"W"两斜边延伸至产生交会点，再由交会点向"W"中点延伸约5倍距离，即可找到北极星。（摄影/洪景川）

变星

　　天体看起来有多明亮，称为亮度；而天体实际的发光能力则称为光度。有些恒星的亮度有显著的变化，这些称为"变星"。1908—1912年，美国哈佛天文台天文学家李维特发现有一类变星——造父变星，这类变星的亮度变化的周期愈长，其光度也愈大。推算出光度后，利用亮度与距离的关系，便可求得与地球间的距离，因此造父变星常被天文学家拿来当作"标准烛光"来测量天体距离。造父变星产生亮度变化的原因，是恒星进化到末期时，本身性质不稳定而产生体积的变化所导致。

造父变星由于体积发生周期性的膨胀、收缩，导致发光能力也跟着产生周期变化。（摄影/洪景川）

女——安卓美达抓走，带到海上进行祭典。仙女东边的英仙，手上拿着蛇发女妖刚被砍下的头，骑着飞马刚好经过，便拯救了仙女。仙女座中最亮的星，和西边紧邻的飞马座的3颗星，连成"秋季四边形"，又可以指引我们寻找其他星座。

黯淡的黄道星座

　　在飞马座南边与鲸鱼座之间，是黄道星座之一——双鱼座，他们是维纳斯与丘比特母子，在宴会上遇到袭击而变成两条鱼想要脱逃。双鱼座西边是为宴会倒酒的举瓶美少男——水瓶座；双鱼座东侧则是黄道星座中最不起眼的白羊座。这3个黄道星座以南的这片区域，形成了秋天夜空里最黯淡的一块天区，在附近唯一可以看见的亮星是南鱼座的北落师门。

冬季的星空

在一年四季中，冬季的星空最璀璨，亮星的数量也最多，即使在都市里，也可以轻易看见星座全貌；加上干冷的冬季气候，使得大气比较稳定和透明，便于观测。这两个条件，让冬季成为观星最容易入门的季节。

冬季大三角和黄道星座

在冬季夜空，由7颗亮星组成、如蝴蝶结般的猎户座，是最引人注目的星座，也是找寻其他星座的指标。由猎户座中间3颗星联结的腰带，往猎人的后方延伸，是全天空最亮的星——天狼星，它与附近星星组成大犬座。在大犬座的北方，是只有2颗星的小犬座。将天狼星、小犬座的南河三、猎户座右肩上的参宿四连接起来，就称为冬季大三角。

在猎户座的前方，与猎人迎面而来的是金牛座，而猎人武器的上方则是双子座，两个都是黄道星座。金牛座的头部呈现V字形，双子座的外形则很像"北"字。

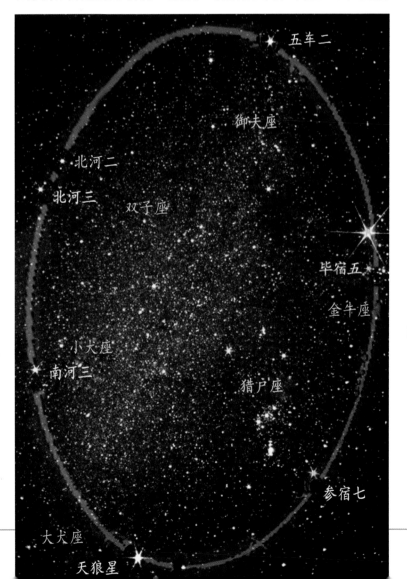

冬季亮星大集合

冬季的亮星特别多，包括猎户座的橘红色

冬季星空有不少容易观察的亮星，如图中可见的猎户座参宿七、金牛座毕宿五、大犬座天狼星及双子座北河三。（摄影／洪景川）

通过天文望远镜观测，猎户座大星云犹如一只全身冒火的飞鸟，因此又被称为火鸟星云。

圣经故事里用来指引耶稣诞生地的"伯利恒之星"，有天文学者尝试用新星、彗星来解释，但至今仍无定论。（图片提供／维基百科）

蟹状星云

恒星因进行核聚变而发出大量的光与热，当燃料用完，就会进入"死亡"阶段。比太阳质量大几倍的恒星在死亡前，会产生剧烈的爆炸，称为"超新星爆炸"，这时亮度会突然变亮亿万倍，然后渐渐消逝，最后留下残骸。超新星残骸中包括中央密度很高的中子星，还有周围因为爆炸而四散的云气。金牛座中的蟹状星云，就是超新星爆炸所形成的。

1054年（北宋），中国人发现一颗"天关客星"亮度异常增加而后黯淡。天关客星留下的残骸，就是现在的蟹状星云。（图片提供／NASA）

外形如同沙漏、3颗连星形成猎人腰带的猎户座，是冬季夜空最容易辨识的星座。（摄影／洪景川）

参宿四与蓝白色参宿七、大犬座的蓝白色天狼星、小犬座的蓝白色南河三、双子座的白色北河二与黄色北河三、御夫座的橘红色五车二、金牛座的橘红色毕宿五。依序把上述除了参宿四的亮星连接起来，便形成了"冬季大椭圆"。

如果能够一一找到这些亮星，也就相当于把整个冬季明亮的星座巡礼了一遍。

天球

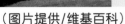

（图片提供/维基百科）

当我们看星星，只能够看见星星的明暗，而无法分辨星星距离地球的远近。天上的星星看起来就像镶嵌在同一个巨球的表面，因此天文学家便假想了一颗"天球"来解释天体的运动。

天球是什么

天球是以地球上的观测者为中心，想象一个半径无限大的球面，在假想的球面上投影着各种天体。将地球的自转轴向南北两方向延伸，与天球有两个交点，分别称为天球南、北极；而地球的赤道面向外扩展，与天球相交形成的圆圈，则称天球赤道。

为了容易解释天体的运行，我们假设地球本身静止不动，而是天球转动，天球同样以地球自转轴为转轴。利用这样的概念，太阳1年在天球上经过的轨迹，称为黄道；月亮绕地球公转1圈，在天球上经过的轨迹则称白道。

在假想的天球上加上南北向的赤经、东西向的赤纬，就可以用天球坐标来表示星星的位置。（插画/吴仪宽）

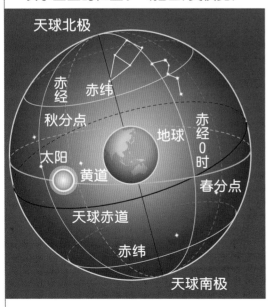

地平坐标系统

一般观星时，会使用较直观的地平坐标系统。地平坐标系统是以观测者为中心，地平面与观测者的子午线为基准，然后以方位角及仰角来

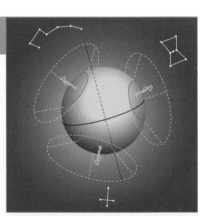

在不同地方的观星者，因为与天球的相对位置不同，因此会有属于自己的地平坐标系统。（插画/吴仪宽）

标示天体的位置。方位角以正北方为0°，依顺时针方向，其他3个方位的方位角依序分别为正东方90°，正南方180°，正西方270°。仰角则以地平面为0°，正头顶为90°。

位于北京的古观象台是著名的古天文台，台上使用的古老天体观测仪器，采用的是赤道坐标系统。（图片提供/维基百科）

动手做星座灯

只要手边有一个自制的星座灯，不必等天黑也可以看见天上的星座。

1. 准备材料：纸杯、灯泡、电池组、铝箔、黑色卡纸。

2. 用美工刀在纸杯底部挖洞，洞口比灯泡略小。将灯泡及电池组连接后，把灯泡装进纸杯底部的洞。

3. 将黑卡纸裁成比杯口略大的大小，参考星座图后，用锥子在卡纸上钻出星星的位置。

4. 用铝箔包覆纸杯，避免漏光，再装上电池即完成。

5. 星座灯须在暗室使用。使用时，将黑卡纸放在纸杯前，将卡纸上小洞射出的光线投射在墙上，就可以看见天上的星座。

天球的坐标系统

有了天球的坐标系统，我们才容易表示天体在天球的位置，天文学最常使用的是赤道坐标系统。赤道坐标系统是采用赤经和赤纬，与地球的经纬度类似。赤经是以天球北极通过春分点到天球南极这条赤经线为0时，将天球划分为24时；赤纬则是以天球赤道面为赤纬0°，天球南、北极各为90°，向北为正，向南为负。

大致来说，恒星在天球上的位置几乎固定不变，而太阳、月球、行星、小行星及彗星等，则会随着时间而改变在天球上的位置。

地球本身的地轴会以极缓慢的速度绕转，称为"岁差"运动。（插画/吴仪宽）

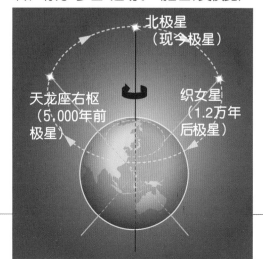

北极星（现今极星）

天龙座右枢（5,000年前极星）

织女星（1.2万年后极星）

夜空的行星

在夜空里，有些星星的运动轨迹与众不同，这些可能就是行星。在太阳系的8颗行星中，只有5颗比较明亮：金星、木星、水星、土星和火星。

内行星的位置

内行星的运行轨道位于地球与太阳之间，包括水星和金星。从地球上看去，内行星总是在太阳附近的天空运行。当行星运行到太阳和地球之间，称为"下合"，从地球上看，它们好像从太阳的表面经过，这现象叫做"行星凌日"，如水星凌日及金星凌日。当行星到达太阳后方，叫做"上合"。

在下合之后，内行星会在日出之前不久，出现在东方地平线，这个时期称为晨星。到了上合之后，内行星则将会在日落后不久，出现在西方地平线，这个时期称为昏星。

左图为内行星相对位置图。右图为外行星相对位置图（插画/吴仪宽）

大距：距离太阳的角距最大。

照：太阳、地球及行星位置成直角。

太阳系的八大行星以地球为界，比地球更接近太阳的称为内行星，位于地球外侧的则是外行星。

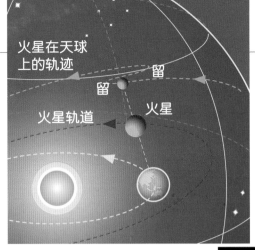

火星在天球上的轨迹

留

留

火星轨道

火星

由于火星与地球公转速度不同，在地球由后方超越火星的过程中，火星会在天空中出现"逆行"的现象。（插画/吴仪宽）

天球上的运行不如恒星般规律，偶尔会出现反方向运行或静止不动（留）的现象。这是因为地球也是行星，与其他的行星一样绕着太阳公转，但由于公转的速度不同，造成行星出现顺行、逆行与留的现象。行星愈接近地球，这种现象愈容易观察得到。

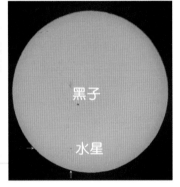

黑子

水星

右图：通过天文望远镜，可以看见正从太阳表面越过的水星，此时镜头里的水星，比太阳黑子还要小。（摄影/洪景川）

外行星的位置

外行星的运行轨道在地球之外。当外行星运行到太阳后面，也称为"合"。不同的是，外行星会运行到和太阳方向相反的位置，这时称为"冲"。

当行星位于冲的附近，距离地球最近，而且整晚可以看到，是最好的观测时机。在2003年8月底，火星处于7.3万年以来最接近地球的大冲位置，因此全球各地掀起一片观测热。世界各国也纷纷趁这个时候派出探测器探测火星，包括日本的"希望"号、欧洲航天局的火星快车号以及火星登陆艇——小猎犬1号、美国国家航空航天局的火星探测车——"勇气"号与"机遇"号。

行星的运行

从地球上观察行星，会发现行星在

大冲

由于行星的轨道都是椭圆形，而且受到太阳、其他行星与其他天体的引力影响，行星本身轨道也会有细微的变化，因此每次的冲，行星和地球之间的距离都不尽相同。行星与地球距离最小的冲称为"大冲"，这时行星显得更亮、更大，更有利于观测。

火星大冲约每15年发生一次，继2003年火星大冲，下一次的火星大冲必须等到2018年。（摄影/洪景川）

火星→

赫拉斯盆地

南极冠

蛇海

小三角

子午线湾

大三角

沙巴人湾

艾莉亚区

北极区雾霭

星云、星团与星系

夜空中看起来一颗一颗的星星，事实上有一半以上是由2颗或2颗以上的恒星所组成。如果互绕的恒星只有2颗，就称为"双星"，3颗或更多恒星相互影响，则称为"多合星"。另外，夜空中还有星球的集团，以及许多云雾状的天体。

天琴座M57星云的绚丽外形，为它赢得"环状星云"、"戒指星云"及"甜甜圈星云"的别称。

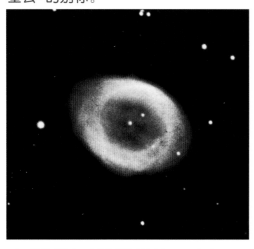

星团

星团是恒星被彼此之间的引力吸引而束缚在一起的恒星集团。相对于多合星来说，星团内的恒星数目较多，由数十颗到数百万颗不等。同一个星团内的恒星，通常是同时形成，所以星龄差不多；当然，和地球的距离也差不多。根据星团外观以及成员星的多寡，星团可分为疏散星团与球状星团两大类。

除了地球本身所在的银河系，仙女座大星系是较为人所知的星系，距离地球约230万光年。

位于蛇夫座的M10（梅西耶天体表编号10）星团，是典型的球状星团。

 ## 星云

在浩瀚的宇宙中，星球与星球之间的气体称为星云，有的密度高，有的密度低。一个典型的星云大小足有数百光年，主要是由气体及尘埃组成。星云本身不会产生能量，只能散射周围恒星的

马头星云属于黑暗星云，由于浓密的星云构成物质遮挡住后方的星光，造成马头形状的剪影。

光芒，展现我们所见到的蓝光；有些星云附近有炽热恒星的加热，而辐射出红光；或是因为密度较高，遮挡住背后星光而出现剪影般的暗黑轮廓。

梅西耶天体表

18世纪，法国的彗星观测家梅西耶，为了避免将昏暗朦胧天体误认为彗星，便将小型望远镜能见到的昏暗朦胧天体，依序编出113个天体。之后，除去不存在以及重复的天体，剩下110个现在名为"梅西耶天体表"的天体，以M为开头编号。梅西耶天体表的出现，虽然只列出了全天星空里小型望远镜观测得到的星系、星团或星云，但确实造福了后来的彗星和昏暗天体观测者。

左图都是梅西耶天体表上的天体，自左上至右下依序为M20三裂星云、M27狐狸座星云、M1蟹状星云、M45昴宿星团、M31仙女座大星系及M83长蛇座南风车星系。

天文望远镜

（摄影/洪景川）

天文学研究的对象，很多都是非常遥远的天体，它们发出的信号到达地球时都已经非常微弱。天文学家的工作就是从这些微弱的信号中排除干扰，找出所需要的天体资料，凭借的工具就是望远镜。

意大利梅拉泰天文台内的蔡司天文望远镜，是一种反射式望远镜。（图片提供/维基百科，摄影/CAV）

望远镜的三大功能

顾名思义，望远镜的功用，首先就是让使用者可以看到遥远的天体。这主要是靠放大的功能，将天体放大之后，观测起来就容易多了；但很多时候，将天体任意放大是无用的，因为放大影像同时也会让影像变暗，或是变模糊。所以望远镜的另外两种功能：收集光线的能力与分辨的能力，也是同等重要的。

收集光线的能力与望远镜的集光面积有关，一

位于悉尼天文台内的施密特式望远镜，是同时使用折射、反射原理的复合式望远镜。（摄影/洪景川）

不同构造的望远镜

随着天文学的演进，观测的天体也愈来愈远、愈来愈暗，相对的望远镜口径也需要愈做愈大，但因为望远镜材料本身的特性与建构的经费，使得望远镜的口径大小受到限制。最后天文学家与工程师利用了巧思来解决问题，这个巧思就是将望远镜拆成较小的单位，然后利用电脑进行控制，让这些小单位集合起来能与一架大望远镜达到相同的效果。

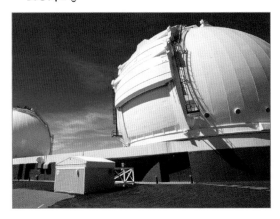

夏威夷凯克天文台使用的望远镜，是以36面直径1.8米的六角形小镜组合而成，是目前口径最大的天文望远镜。（图片提供/达志影像）

架口径7厘米的望远镜比人类瞳孔（完全张开时的直径约7毫米）的集光面积要大上100倍，可以看到比人眼可分辨的亮度更暗5等的天体。分辨的能力可以让观测者更清楚看到天体的细节，例如人眼只能看见月球表面的阴影，但利用望远镜便能观测到月球表面的地形特征。

接受不同信号的望远镜

所有的天体都会放出电磁波，根据波长的不同可以分成好几种波段，而接收不同波段电磁波的望远镜也不同。譬

电波望远镜收集的对象并不是可见光，而是无线电波，因此并不使用一般光学望远镜的平滑反射镜面。（摄影/洪景川）

如：接收可见光波段的称为"光学望远镜"；接收无线电波波段的称为"电波望远镜"。由于地球大气层对这两个波段吸收较少，因此在地面使用的大都是接收这两种波段的望远镜。

若是接收其他波段电磁波的望远镜，就需要考虑其他的辅助方法才能运用，例如红外线望远镜需要用飞机送上高空，避免水汽吸收信号，或者直接送入太空进行观测。

天文台

（图片提供/达志影像）

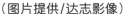

供研究用的望远镜通常体积庞大，为了支撑以及增加观测精确度，需要建立天文台来放置并操作望远镜。

天文台选址

由于大气扰动的关系与各种光害的影响，在地面上进行天文观测时，通常无法看到清晰的影像，因此天文台的设立需要进行详尽的规划与挑选。为了提升观测品质及观测效率，选择的位置必须天气晴朗、空气透明度高、天

空气中的悬浮粒子及水汽，受限于大气层结构，多停留于低空，因此高空大气比较干净，利于观星。（摄影/简瑞龙）

空背景暗以及大气视相度好（由于大气的扰动，原本应该是点状的星光会呈现圆盘状，大气愈稳定，圆盘愈小，也就是大气视相度愈好）。

考虑上述因素，将天文台设立在超过逆温层的高山是第一选择。此外，也要考虑台址需有方便的交通与水电补给，这样不但可减低天文台的建筑经费，也可让未来的研究人员前往观测以及仪器维护更便利。

1675年设立的格林威治天文台是英国最早的皇家天文台，同时也是本初子午线（0°经线）的定位点。（图片提供/达志影像）

毛纳基科学保留区的天文台群，由多个国家和地区的研究单位出资运作。（图片提供/达志影像）

图中的天文台位于基特峰上，内有著名中型望远镜之一的Mayall天文望远镜，直径达4米。（图片提供/达志影像）

著名天文台

在适合建立天文台的地点，除了本国的天文台之外，往往也吸引了各国前往建立，例如美国的毛纳基峰天文台和基特峰天文台。

夏威夷大岛上，海拔4,200米高的毛纳基峰附近，由于条件优越，设立着许多世界级大天文台，是重要的望远镜群聚地。现在毛纳基峰附近共有十几座望远镜正在进行各种观测，包括9座光学及红外线望远镜、3座次毫米波望远镜、1座射电望远镜。

美国亚利桑纳州的基特峰天文台（英语简称为KPNO），是美国国家光学天文台的成员之一，也是世界上天文台最密集的地方之一。KPNO包括3座光学望远镜与美国国家太阳望远镜，还有合作的19座光学望远镜和2座射电望远镜。除了望远镜与天文台，还有游客中心接待来访旅客。

特别的天文台

SOFIA天文台是由一架波音747客机改造而成，机身后段装载一具直径达2.5米的红外线望远镜。（图片提供/NASA）

为了各种不同的天文观测，各式各样的天文台被设计出来，其中有一类是飞机装载着望远镜，飞行至高空中观测。由于大气所含的水汽会吸收红外线，因此平流层红外线天文台（英语简称SOFIA）为了避开含有较多水汽的大气，便设计在高度约1.4万米处进行观测。在这个观测高度，SOFIA天文台所能取得的红外线影像品质，是地面上最大的望远镜也比不上的。

天文观测的影像记录

（摄影/洪景川）

天文观测这门科学的范围非常广泛，除了天体的认识，还有观测使用的"仪器"，以及描述天体所在位置或观测位置的"坐标"；观测之后，怎样将观测结果记录下来也是其中重要的领域。

通过追踪器的辅助，可以使照相机与进行周日运动的星空同步旋转，拍摄出不具星流迹的照片。

影像储存

在进行天文观测后需要留下一些记录，除了观测时间、天体坐标等标示外，天体的性质（例如外表、与其他星体相对位置、星光等）才是最值得留下的资料。

在影像科技发明之前，观测者只能徒手把天体外表或相对位置等绘制下来；后来慢慢演变成利用相机与底片拍摄。和徒手绘制比较起来，天体摄影可以将星光资料记录下来，借以分析一些与天体本身相关的特性，例如星体的表面温度和化学成分等。不过，底片受到感光程度的限制，保存起来不太方便。新的感光设备称为CCD，感光的灵敏度高，而且收集的资料可以以数字形式传送到电脑里进行分析、处理与储存，所以现在很少再使用底片。

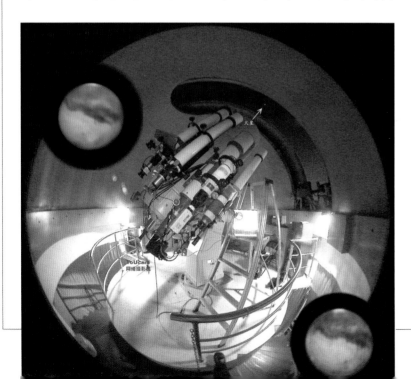

为观测2003年的"火星大冲"，天文研究人员将网络摄影机接上天文望远镜，尝试新的记录方式。（摄影/洪景川）

不需任何辅助仪器，以相机对星空进行长时间曝光，即可得到布满星流迹的星空照片。

天文摄影

天文摄影是利用相机将天体拍摄下来，和一般摄影有一些差异。一般摄影都要有充足且方向适当的照明，但天文摄影的对象本身就是发光体，相机都是朝向光源摄影；而天体对地球来说都很遥远，所以要将焦点调整至无穷远（∞）的标示。另外，除了月球和太阳，天体的光度都不够明亮，因此几乎都需要较长时间的曝光，这也是天文摄影的最大特征。

数码叠合技术

传统相机、数码相机、CCD相机拍摄的都是定格照片，长时间的曝光一旦有意外，几小时的辛苦可能都付诸东流。新世代的Web Cam CCD相机，则提供了另一种方法。Web Cam 除了可以拍摄定格照片外，还可以拍摄短片，以每秒数张甚至10张以上的速度把天体记录下来，曝光时间则可以设定为数十分

通过数码影像叠合处理的天文摄影照片，效果不逊于传统长时间曝光取得的照片。（摄影/洪景川）

之一秒到万分之一秒。若与其他相机拍摄的每张定格照片相比，Web Cam的燥点是最多的，但燥点可以通过"叠合"的方法大幅减少。做法是先用软件把短片转成一幅幅数码影像，再利用软件把这些数码影像叠合成一张原始影像。有了原始影像，便可以运用影像处理软件做进一步的影像处理。

英语关键词

星座	Constellation
摩羯座	Capricorn
水瓶座	Aquarius
双鱼座	Pisces
白羊座	Aries
金牛座	Taurus
双子座	Gemini
巨蟹座	Cancer
狮子座	Leo
处女座	Virgo
天秤座	Libra
天蝎座	Scorpio
射手座	Sagittarius
行星	Planet
恒星	Star
双星	Binary Star
变星	Variable Star

星团	Star Cluster
银河	Milky Way
银河系, 星系	Galaxy, galaxy
星云	Nebula
北极星	Polaris
春季	Spring
角宿一	Spica
大角星	Arcturus
五帝座一	Denebola
夏季	Summer
牛郎星, 河鼓二	Altair
织女星	Vega
天津四	Deneb
秋季	Autumn
冬季	Winter
天狼星	Sirius
参宿四	Betelgeuse

南河三 Procyon	晚上 Night
北斗七星 Big Dipper	星图 Star Chart
梅西耶天体 Messier Objects	星等 Magnitude
天球 Celestial Sphere	光害 Light Pollution
赤道 Equator	顺时针方向 Clockwise
黄道 Ecliptic	逆时针方向 Counter-clockwise
方位角 Azimuth	周日运动 Diurnal Motion
仰角 Elevation	周年运动 Sidereal Motion
冲 Opposition	天文台 Observatory
合 Conjunction	天文台圆顶 Dome
顺行 Prograde Motion	星象仪，天文馆或星象馆 Planetarium
逆行 Retrograde Motion	望远镜 Telescope
留 Stationary	解析度 Resolution
岁差；进动 Precession	天文学 Astronomy
天空 Sky	占星学 Astrology
白天 Day	观星人，占星家 Stargazer

新视野学习单

1 夜空里有各式各样的天体，下列有一些天体，请替它们做一下分类。（连连看）

M20 ·   · 星云

月亮 ·   · 星团

参宿四 ·   · 星系

M45 ·   · 恒星

火星 ·   · 卫星

银河系 ·   · 行星

（答案见06—07、11、17、19、24、27页）

2 关于猎户座里最亮一颗星星的命名，下列哪些是正确的？（多选）

（1）猎户座主星

（2）Betelgeuse

（3）肩膀星

（4）猎户座α星

（5）参宿四

（答案见11页）

3 由于地球自转的关系，请问在地球上：

看到的太阳由_____哪一方升起（东、西、南、北）

看到的月亮由_____哪一方升起（东、西、南、北）

金星的自转方向跟地球相反，请问在金星上

（如果在金星与地球上的方向规定一样）

看到的太阳由_____哪一方升起（东、西、南、北）

（答案见24—25页）

4 四个季节用来辨识星座的简易形状：

春季大三角：_____、_____、_____。

夏季大三角：_____、_____、_____。

秋季四边形：室宿一、室宿二、壁宿一、壁宿二。

冬季大三角：_____、_____、_____。

（答案见14—21页）

5 有关"天球"的观念，下列叙述哪些正确？（多选）

（1）黄色的太阳1年在天球上经过的轨迹，称为黄道。

（2）白色的月亮绕地球公转1圈，在天球上经过的轨迹，称为白道。

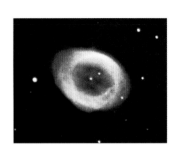

（3）3,000年前地球的自转轴指向的星球，与现在一样都是北极星。

（4）地球自转轴与天球的两个交点，分别称为天球北极与天球南极。

（答案见22—23页）

6 金星在下合之后会在日出之前不久，出现在_____地平线，这个时期称为_____，中国人称为启明星。到了上合之后，内行星则将会在日落之后不久，出现在_____地平线，这个时期称为_____，中国人称为长庚星。

（答案见24—25页）

7 星云发光的机制有3种，请问各发出什么颜色的光？

散射周围恒星的光芒·　　　　　·展现蓝光

附近有炽热恒星的加热·　　　　　·黑色背景

遮挡住背后星光·　　　　　·辐射出红光

（答案见26—27页）

8 请写出望远镜的3项基本功能。

_____

_____

_____

（答案见28—29页）

9 哪一座天文台拥有世界最大的光学望远镜？

（1）亚利桑纳州的基特峰天文台

（2）智利的托洛洛山美洲天文台

（3）意大利的梅拉泰天文台

（4）夏威夷的凯克天文台

（答案见28—31页）

10 下列条件，哪些属于天文摄影的特点，请打勾。

（　）充足且方向适当的照明

（　）相机都是朝向光源摄影

（　）曝光时间短

（　）曝光时间长

（　）焦点调整至无穷远

（答案见32—33页）

我想知道……

这里有30个有意思的问题，请你沿着格子前进，找出答案，你将会有意想不到的惊喜哦！

开始！

星光是什么颜色？ **P.06**

哪颗星星的亮度仅次于太阳和月亮？ **P.06**

什么星扫把星

中国天象所说的"荧惑守心"是什么？ **P.17**

秋天要利用哪个星座找北极星？ **P.19**

什么叫作变星？ **P.19**

太棒得美牌。

哪颗星被中国人认为是战争、灾祸的象征？ **P.17**

什么是"梅西耶天体表"？ **P.27**

口径最大的天文望远镜在哪里？ **P.29**

什么地点适合设天文台？ **P.30**

心宿二为什么又叫大火星？ **P.16**

星云本身会发光吗？ **P.27**

"甜甜圈星云"位于哪个星座？ **P.26**

颁发洲金

太厉害了，非洲金牌也是你的！

流星雨是怎样命名的？ **P.15**

北美印第安人认为北斗七星像什么？ **P.14**

生日当天看得见自己的生日星座吗？ **P.13**

黄道星几个？

被称作
？

P.07

为什么飞机又称
"爱尔普蓝星"？

P.07

中国天文学里
的"四象"是指
什么？ **P.08—09**

不错哦，你已前
进5格。送你一
块亚洲金牌！

了，赢
洲金

哪个星座长得
像蝴蝶结？

P.20

什么是超新星
爆炸？

P.21

中国人认为二十八
宿是哪个天体过宿
的地方？

P.09

星空中哪颗恒星最
闪亮？

P.09

太好了！
你是不是觉得：
Open a Book！
Open the World！

有看得见全部星
座的地方吗？

P.22

中国人供奉的魁
星，是由什么星
星演变来的？ **P.09**

大洋
牌。

什么时候最适合
观看行星？

P.25

1.2万年后，北
极星是哪颗星？

P.23

哪一个民族最早有
星座的概念？

P.10

座共有

P.13

星星的亮度会改
变吗？

P.11

获得欧洲金
牌一枚，请
继续加油！

星星是怎样命名的？

P.11

图书在版编目（CIP）数据

星座与观星：大字版 / 徐毅宏撰文．—北京：中国盲文
出版社，2014.5
　　（新视野学习百科；04）
　　ISBN 978-7-5002-5132-3

Ⅰ．①星… Ⅱ．①徐… Ⅲ．① 星座—青少年读物 ②天文观察—青少年
读物 Ⅳ．① P151-49 ② P12-49

中国版本图书馆 CIP 数据核字 (2014) 第 090213 号

　　原出版者：暢談國際文化事業股份有限公司
　　著作权合同登记号 图字：01-2014-2126 号

星座与观星

撰　　文：徐毅宏
审　　订：陈文屏
责任编辑：张文韬
出版发行：中国盲文出版社
社　　址：北京市西城区太平街甲 6 号
邮政编码：100050
印　　刷：北京盛通印刷股份有限公司
经　　销：新华书店
开　　本：889×1194　1/16
字　　数：33 千字
印　　张：2.5
版　　次：2014 年 12 月第 1 版　2014 年 12 月第 1 次印刷
书　　号：ISBN 978-7-5002-5132-3/P · 38
定　　价：16.00 元
销售热线：　(010) 83190288 83190292

绿色印刷　保护环境　爱护健康

亲爱的读者朋友：

　　本书已入选"北京市绿色印刷工程—优秀出版物绿色印刷示范项目"。它采用绿色印刷标准印制，在封底印有"绿色印刷产品"标志。

　　按照国家环境标准（HJ2503-2011）《环境标志产品技术要求 印刷 第一部分：平版印刷》，本书选用环保型纸张、油墨、胶水等原辅材料，生产过程注重节能减排，印刷产品符合人体健康要求。

　　选择绿色印刷图书，畅享环保健康阅读！

北京市绿色印刷工程